으뜸 매직셈 ①

대한암산수학연구소

세광m

차례

기초 운주 계산

주판의 각 부분 명칭

명 칭

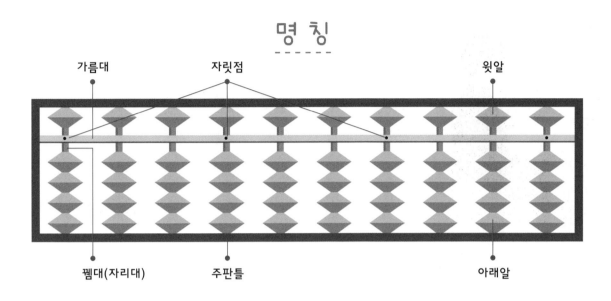

가름대   자릿점   윗알

뀀대(자리대)   주판틀   아래알

용 어 설 명

· 아래알 : 가름대 아래에 있는 주판알을 말하며 한 개의 알은 1을 뜻합니다.

· 윗알 : 가름대 위쪽에 있는 주판알을 말하며 한 개의 알은 5를 뜻합니다.

· 가름대 : 아래알과 윗알을 구분하기 위해 가로막고 있는 부분을 말합니다.

· 자릿점 : 가름대 위에 3자리마다 찍힌 점을 말하며, 수의 자리와 단위를 정하는
　　　　　데 사용합니다.

· 뀀대 : 주판알을 꿰고 있는 막대를 말합니다.

· 주판틀 : 주판알을 감싸고 있는 전체 테두리를 말합니다.

주판 잡는 법

주판을 잡을 때는 주판의 왼쪽 부
분을 왼손으로 잡는데 엄지로는
주판틀 아랫부분을, 나머지 손가
락으로는 주판틀 윗부분을 가볍
게 감싸 쥡니다.

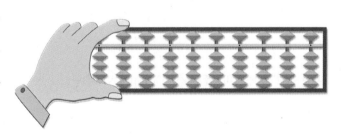

주산 학습할 때의 올바른 기본자세

바른자세

· 의자에 반듯하게 앉아 허리를 바르게 펴고 고개만 약간 숙인다.

· 몸과 책상의 간격은 주먹 하나만큼 띄워 앉는다.

· 주판은 책상 앞 끝선에서 5cm정도 위쪽으로 놓는다.

· 주판을 잡을 때는 왼손으로 주판의 왼쪽 $\frac{1}{3}$지점을 잡는다.

· 주판으로 계산할 때에 오른손의 팔꿈치가 책상 바닥에 닿지 않도록 주의한다.

주판 잡는 법

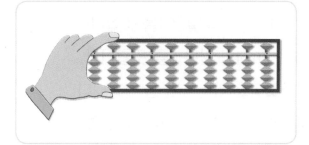

· 왼손으로 주판의 왼쪽 $\frac{1}{3}$지점을 움직이지 않도록 잡는다.

연필 쥐는 법

· 오른손 새끼손가락과 약지 사이에 연필을 끼우고 엄지와 검지 사이로 가볍게 잡는다.

주판알 정리하는 방법

① 주판을 앞으로 세운 다음 다시 놓고, 검지로 왼쪽에서 오른쪽으로 가볍게 쓸어준다.

② 주판이 책상에 놓여진 상태에서 주판의 오른쪽 끝에서 왼쪽으로 엄지와 검지로 쭉 밀어준다.

1. 주판 상의 수 구조와 개념

	윗알 : 1개의 알이 수 5의 가치를 가짐	윗알은 올릴 때 " - " 내릴 때 " + "
	아래알 : 1개의 알이 수 1의 가치를 가짐	아래알은 올릴 때 " + " 내릴 때 " - "

2. 주판 상에 수의 표시

0		주판 상에 주판알의 표시가 전혀 없는 상태	5		주판 상에 윗알 5만 내려와 있는 상태
1		주판 상에 주판알이 1개가 올라가 있는 상태	6		주판 상에 윗알 5가 내려오고 아래알 1개가 올라가 있는 상태 (5와 1의 만남)
2		주판 상에 주판알이 2개가 올라가 있는 상태	7		주판 상에 윗알 5가 내려오고 아래알 2개가 올라가 있는 상태 (5와 2의 만남)
3		주판 상에 주판알이 3개가 올라가 있는 상태	8		주판 상에 윗알 5가 내려오고 아래알 3개가 올라가 있는 상태 (5와 3의 만남)
4		주판 상에 주판알이 4개가 올라가 있는 상태	9		주판 상에 윗알 5가 내려오고 아래알 4개가 올라가 있는 상태 (5와 4의 만남)

주판에 놓인 수와 손가락 사용법

운지법은 주판에 수를 놓을 때 손가락의 사용법을 말하며, 운주법은 주판알을 바르게 움직이는 방법을 말합니다.

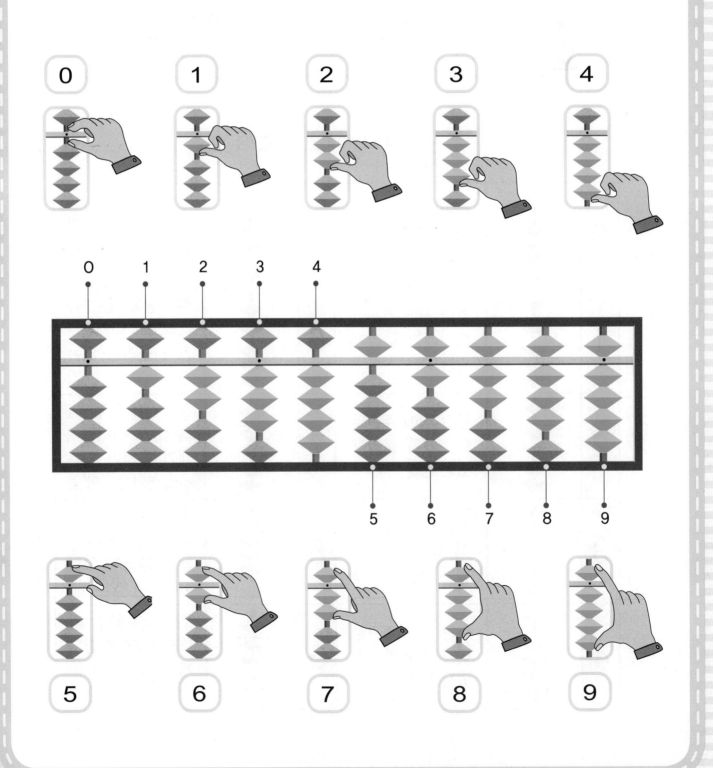

동전주판과 주판을 비교하여 숫자 바르게 쓰기

	0	0	0	0	
	1	:	:	:	
	2	2	2	2	
	3	3	3	3	
	①4②	4	4	4	

	②	5	5	5	
	①				
	6	6	6	6	
	②	7	7	7	
	①				
	8	8	8	8	
	9	9	9	9	

주판에 놓여진 수를 빈 곳에 써 보세요.

주판에 놓여진 수를 빈 곳에 써 보세요.

 다음의 숫자를 주판에 놓고 읽어 보세요.

39	54	63	71	58
76	27	81	94	49
67	19	34	46	56
83	97	12	34	68
26	33	29	41	55
99	60	78	15	21
38	44	90	51	72

 주판으로 계산하세요.

1	2	3	4	5
1	4	5	6	9
2	−2	3	−1	−2
−1	1	−2	−5	−2

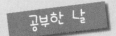
 주판으로 계산하세요.

1	2	3	4	5
1	2	1	3	2
2	−1	2	−2	1
−1	1	−1	2	−1

6	7	8	9	10
3	2	3	2	4
−2	2	1	1	−2
3	−1	−2	−3	1

11	12	13	14	15
4	1	3	2	3
−3	3	−3	1	1
2	−2	4	−2	−2

16	17	18	19	20
3	4	1	3	1
−1	−3	3	−3	3
1	1	−2	4	−3

1, 2, 3, 4의 수 익히기
익힘문제 2

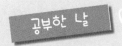
 주판으로 계산하세요.

1	2	3	4	5
2	4	4	3	3
−1	−2	−3	−1	−2
3	−1	1	2	3
−2	2	2	−1	−3

6	7	8	9	10
3	2	4	2	1
−1	2	−2	2	1
2	−3	1	−3	2
−3	2	1	1	−4

11	12	13	14	15
2	3	4	3	4
2	1	−4	−2	−1
−1	−2	3	3	−3
−2	−1	−1	−4	2

 주판으로 계산하세요.

1	2	3	4	5
1	3	2	2	1
2	−2	1	1	3
1	3	−2	−3	−1
−3	−2	2	3	−2
1	1	−1	−2	2

6	7	8	9	10
2	2	2	3	2
−1	1	2	1	−2
2	−1	−3	−1	1
−3	2	3	−2	3
4	−3	−4	2	−2

11	12	13	14	15
2	3	1	4	2
1	−2	3	−2	2
−3	3	−4	1	−4
4	−3	3	−2	3
−3	2	−1	3	−3

1, 2, 3, 4의 수 익히기

익힘문제 4

 주판으로 계산하세요.

1	2	3	4	5
22	33	22	11	33
22	11	-22	33	-22
-11	-22	44	-33	11

6	7	8	9	10
33	22	33	22	11
-11	22	11	22	22
22	-33	-22	-11	-11

11	12	13	14	15
22	22	22	33	22
-11	11	22	11	-22
22	-11	-33	-11	11

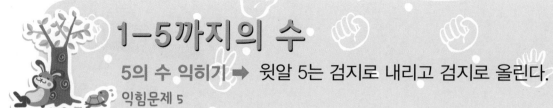

1-5까지의 수

5의 수 익히기 ➡ 윗알 5는 검지로 내리고 검지로 올린다.

익힘문제 5

공부한 날

월   일

 주판으로 계산하세요.

1	2	3	4	5
I	I	I	2	3
I	2	3	I	I
5	5	5	5	5

6	7	8	9	10
I	2	3	I	I
5	5	5	5	5
I	I	I	2	3

11	12	13	14	15
5	5	5	5	5
I	2	3	2	I
3	−5	−5	I	−5
−5	2	I	−5	2

16	17	18	19	20
5	2	I	5	5
3	5	5	4	2
−5	−5	3	−5	−5
I	I	−5	−2	I

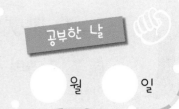

5의 수 익히기
익힘문제 6

공부한 날   월   일

 주판으로 계산하세요.

1	2	3	4	5
5	2	5	4	5
2	5	2	5	1
1	−2	2	−5	2
−5	1	−5	−3	−5
1	−5	−1	5	5

6	7	8	9	10
1	4	1	4	5
3	−3	2	−1	3
−3	1	−3	−2	1
2	5	5	5	−4
5	−1	1	1	3

11	12	13	14	15
5	2	1	1	2
3	2	2	3	5
−2	5	5	−2	1
3	−1	−1	5	−5
−1	−3	−5	2	1

1-9까지의 수

6, 7, 8, 9의 수 익히기 ➡ 6, 7, 8, 9의 수는 덧셈, 뺄셈 모두
엄지와 검지를 동시에 사용한다.

익힘문제 7

 주판으로 계산하세요.

1	2	3	4	5
0	1	2	3	0
6	6	6	6	7

6	7	8	9	10
1	2	0	1	2
7	7	8	8	6

11	12	13	14	15
7	8	9	8	9
−6	−6	−6	−7	−8

16	17	18	19	20
1	1	1	2	1
1	2	1	1	7
6	6	7	6	1

21	22	23	24	25
2	1	3	2	9
6	2	6	1	−8
−6	6	−8	6	7
5	−7	5	−9	−6

6, 7, 8, 9의 수 익히기

익힘문제 8

 주판으로 계산하세요.

1	2	3	4	5
6	8	7	3	8
−5	−7	2	6	−6
2	1	−8	−9	−1
5	7	5	4	5

6	7	8	9	10
5	8	6	9	7
2	−7	2	−6	2
2	2	1	5	−8
−8	6	−7	−7	6

11	12	13	14	15
2	8	2	8	5
6	1	7	−7	3
1	−8	−6	8	−7
−9	5	5	−6	6

공부한 날

월   일

 주판으로 계산하세요.

1	2	3	4	5
55	22	33	88	66
11	22	66	−77	22
22	55	−77	22	−77
−55	−66	11	55	11

6	7	8	9	10
66	22	55	11	22
−66	55	33	22	77
77	22	−77	66	−88
−66	−88	88	−99	66

 암산으로 계산하세요.

11	12	13	14	15
8	8	7	9	5
−6	1	2	−1	4
5	−8	−6	−7	−8

2위 익힘문제 2

월   일

 주판으로 계산하세요.

1	2	3	4	5
99	77	88	55	44
-77	-77	-88	33	55
66	88	88	-66	-77
11	-77	-77	77	-11

6	7	8	9	10
99	11	33	77	22
-99	66	66	22	77
99	-66	-88	-66	-88
-88	88	77	66	77

 암산으로 계산하세요.

11	12	13	14	15
1	2	1	5	1
7	7	8	4	8
-6	-6	-8	-6	-9

 주판으로 계산하세요.

1	2	3	4	5
36	86	34	66	42
2	3	5	3	7
−27	−25	−18	−17	−33
8	5	7	6	2

6	7	8	9	10
68	73	84	41	32
1	6	5	8	6
−17	−62	−73	−35	−27
5	1	2	5	6

11	12	13	14	15
51	49	31	56	22
6	−7	5	2	6
−50	51	−30	−7	−5
2	6	53	28	26

2위 익힘문제 4

 주판으로 계산하세요.

1	2	3	4	5
84	43	78	96	65
15	-12	10	-45	24
-32	51	-36	22	-38
20	-21	45	-13	36

6	7	8	9	10
63	76	37	52	49
-11	12	-12	26	-16
37	-25	64	-13	56
-55	31	-16	23	-25

11	12	13	14	15
65	39	97	82	43
-15	-26	-50	15	56
23	16	52	-32	-38
15	60	-36	24	17

월 일

3위 익힘문제

 주판으로 계산하세요.

1	2	3	4	5
236	372	454	386	623
-111	-222	525	112	-121
762	849	-213	-245	376

6	7	8	9	10
454	898	627	746	837
-353	-333	151	-125	-226
787	211	-523	268	158

11	12	13	14	15
524	798	346	987	745
265	-545	503	-275	153
-236	215	-637	125	-595

10 가르기, 모으기 익히기

1. 10 가르기, 모으기

	9 보수는 1		8 보수는 2		7 보수는 3		6 보수는 4		5 보수는 5
10	1	2	3	4	5	6	7	8	9
	9								

2. ☐ 안에 알맞은 수를 써 보세요.

```
   10          10          10          10          10
  ↙  ↘        ↙  ↘        ↙  ↘        ↙  ↘        ↙  ↘
 1   ☐      3   ☐      5   ☐      8   ☐      2   ☐
```

3. 더하여 10이 되는 수끼리 이어 보세요.

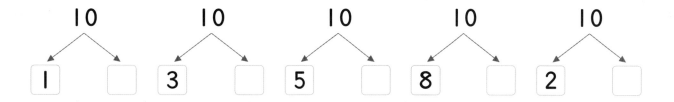

1	5	7	3	2	9	8	6	4
•	•	•	•	•	•	•	•	•

•	•	•	•	•	•	•	•	•
5	9	1	3	7	8	4	6	2

더하려는 자리에서 더할 수 없을 때에는 앞의 자리에 1을
더해주고 더하려는 자리에서 보수를 빼준다.

9+1=10

$$\begin{array}{r} 9 \\ + \ 1 \\ \hline 10 \end{array}$$

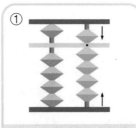

① 엄지와 검지로 9를 놓는
다.

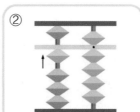

② 9에다 1을 더할 수 없으
므로 앞의 자리에 1을 더
해주고

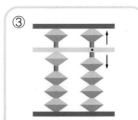

③ 뒤의 1의 자리에서 1의 보
수 9를 빼준다.

5+5=10

$$\begin{array}{r} 5 \\ + \ 5 \\ \hline 10 \end{array}$$

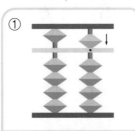

① 검지로 5를 놓는다.

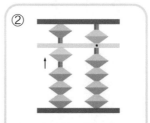

② 5에다 5를 더할 수 없으므로
앞의 자리에 1을 더해주고

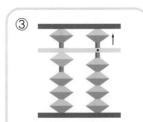

③ 뒤의 1의 자리에서 5의 보
수 5를 빼준다.

6+4=10

$$\begin{array}{r} 6 \\ + \ 4 \\ \hline 10 \end{array}$$

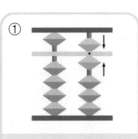

① 엄지와 검지로 6을 놓는
다.

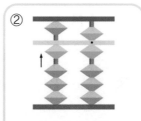

② 6에다 4를 더할 수 없으
므로 앞의 자리에 1을 더
해주고

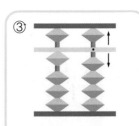

③ 뒤의 1의 자리에서 4의
보수 6을 빼준다.

1+9=10

$$\begin{array}{r} 1 \\ + \ 9 \\ \hline 10 \end{array}$$

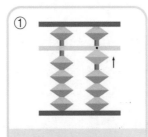

① 엄지로 1을 놓는다.

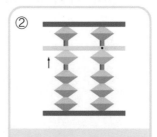

② 1에다 9를 더할 수 없으므로
앞의 자리에 1을 더해주고

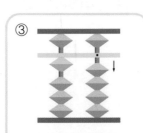

③ 뒤의 1의 자리에서 9의 보
수 1을 빼준다.

10에 대한 9의 보수

$7+9=7+10-\boxed{\vdots}$

더하여 10이 되게 연결하시오.

1	3	5	7	9	4	6	2	8

4	5	8	6	7	3	1	9	2

 주판으로 계산하세요.

1	2	3	4	5
1	2	3	4	5
7	1	1	9	1
9	9	9	1	9

6	7	8	9	10
6	7	8	9	4
9	9	9	9	9
1	9	9	1	1
9	2	2	9	9

11	12	13	14	15
2	6	2	3	6
9	9	5	9	9
5	1	9	5	3
1	9	9	9	9
9	3	4	2	9

10에 대한 9의 보수

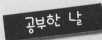

 주판으로 계산하세요.

1	2	3	4	5
4	3	6	5	6
9	5	2	2	9
9	9	1	1	3
5	2	9	9	1
2	9	9	2	9

6	7	8	9	10
4	7	8	3	1
9	9	9	5	8
5	9	1	1	9
9	4	9	9	9
2	9	1	9	9

11	12	13	14	15
8	7	6	4	3
9	9	9	9	9
9	9	4	5	2
3	3	9	9	9
9	1	9	2	5

10에 대한 9의 보수

공부한 날

월　일

 주판으로 계산하세요.

1	2	3	4	5
3	7	2	6	7
9	9	6	9	9
5	3	9	2	2
2	9	9	9	9
9	1	2	3	2

6	7	8	9	10
8	1	6	5	1
9	7	9	1	7
9	1	3	9	9
2	9	9	3	1
1	1	2	9	9

11	12	13	14	15
3	4	5	8	4
6	5	3	1	9
9	9	1	9	9
9	1	9	9	2
1	9	9	2	9

10에 대한 9의 보수

1위 종합 연습문제 1

 주판으로 계산하세요.

1	2	3	4	5
9	6	8	7	1
9	9	9	1	6
1	1	1	9	9
9	2	9	9	2
1	9	2	3	9

6	7	8	9	10
6	2	2	5	4
3	9	6	2	9
9	6	9	9	9
9	9	1	3	5
−2	−1	−3	−4	−2

 암산으로 계산하세요.

11	12	13	14	15
2	3	4	7	6
1	1	9	9	9
9	9	1	9	4

1위 종합 연습문제 2

10에 대한 8의 보수

$4+8=4+10-\square$

더하여 10이 되게 연결하시오.

2	5	6	8	3	7	4	9	1

4	1	7	9	2	5	8	3	6

 주판으로 계산하세요.

1	2	3	4	5
1	3	2	4	7
7	6	5	8	8
8	8	8	2	4

6	7	8	9	10
2	3	1	5	4
8	1	9	3	5
3	8	8	9	8
8	1	8	8	9

11	12	13	14	15
5	3	6	9	7
4	9	3	8	9
8	6	8	1	3
1	8	1	9	8
9	9	8	8	1

10에 대한 8의 보수

1위 종합 연습문제 3

 주판으로 계산하세요.

1	2	3	4	5
9	2	8	7	5
8	9	1	2	4
2	8	8	8	8
8	8	9	8	8
2	1	3	3	2

6	7	8	9	10
3	7	2	3	3
6	8	6	1	9
9	4	8	8	7
8	8	3	6	8
1	9	9	8	8

11	12	13	14	15
3	4	1	6	9
6	5	9	2	9
8	8	7	8	1
2	1	1	1	8
9	9	8	8	9

10에 대한 8의 보수

1위 종합 연습문제 4

주판으로 계산하세요.

1	2	3	4	5
5	6	7	8	3
3	1	9	8	1
8	8	1	3	8
9	4	8	8	6
4	8	3	2	8

6	7	8	9	10
6	2	9	1	9
3	1	8	8	8
8	9	1	9	1
8	8	8	8	1
4	2	9	2	8

11	12	13	14	15
6	8	4	5	7
3	8	8	3	2
9	3	6	9	8
0	9	9	1	1
8	8	2	8	8

10에 대한 8의 보수

1위 종합 연습문제 5

 주판으로 계산하세요.

1	2	3	4	5
9	7	2	7	9
9	8	8	8	8
8	2	7	4	9
3	8	8	8	3
8	2	3	8	8

6	7	8	9	10
8	5	3	5	4
8	2	9	4	8
1	8	8	8	9
9	3	7	8	7
-1	-8	-6	-5	-2

 암산으로 계산하세요.

11	12	13	14	15
3	5	4	9	7
1	4	8	8	8
8	8	6	8	3

10에 대한 7의 보수

$8+7=8+10-\square$

공부한 날

월   일

더하여 10이 되게 연결하시오.

| 4 | 1 | 6 | 2 | 9 | 8 | 3 | 5 | 7 |

| 8 | 7 | 5 | 3 | 4 | 9 | 2 | 6 | 1 |

 주판으로 계산하세요.

1	2	3	4	5
1	4	6	2	3
3	5	3	2	5
7	7	7	7	7

6	7	8	9	10
3	8	4	9	7
6	7	7	7	9
7	4	8	2	2
2	7	7	7	7

11	12	13	14	15
1	6	1	5	3
8	2	9	4	6
9	7	4	7	7
7	4	7	2	3
2	7	3	7	8

10에 대한 7의 보수

1위 종합 연습문제 7

 주판으로 계산하세요.

1	2	3	4	5
7	5	2	3	1
1	3	8	8	7
7	7	9	8	9
3	2	7	7	2
7	8	9	9	7

6	7	8	9	10
9	2	1	8	6
7	7	6	7	9
3	9	9	3	4
7	7	2	7	7
2	1	7	4	2

11	12	13	14	15
4	5	3	9	6
8	1	1	7	3
9	9	5	2	7
8	3	7	7	2
7	7	9	2	7

10에 대한 7의 보수

1위 종합 연습문제 8

 주판으로 계산하세요.

1	2	3	4	5
2	4	8	7	9
2	5	9	8	8
7	7	2	4	2
3	2	7	7	7
7	7	3	9	2

6	7	8	9	10
5	6	8	2	4
3	9	7	6	8
7	3	4	7	6
3	7	9	4	7
8	3	7	8	3

11	12	13	14	15
3	2	8	5	9
7	2	9	2	7
9	7	2	8	2
8	9	7	4	8
9	6	9	7	9

10에 대한 7의 보수

1위 종합 연습문제 9

주판으로 계산하세요.

1	2	3	4	5
2	9	4	6	3
9	7	7	3	6
3	3	9	7	7
7	7	8	9	2
8	2	7	2	7

6	7	8	9	10
7	8	4	1	2
2	7	7	7	7
7	4	9	7	7
3	7	7	4	2
−1	−5	−2	−7	−3

암산으로 계산하세요.

11	12	13	14	15
5	2	6	8	5
3	6	3	7	4
7	7	7	4	7

10에 대한 6의 보수

$9+6=9+10-\square$

공부한 날

월   일

더하여 10이 되게 연결하시오.

9	3	6	1	8	4	7	2	5

4	5	1	9	7	2	8	3	6

 주판으로 계산하세요.

1	2	3	4	5
2	3	3	8	5
2	6	1	1	4
6	6	6	6	6

6	7	8	9	10
6	1	7	4	8
3	8	2	6	8
6	6	6	3	3
4	3	1	7	6

11	12	13	14	15
9	2	8	3	5
6	2	7	1	2
4	5	4	6	8
7	6	6	9	4
9	4	2	6	6

10에 대한 6의 보수

1위 종합 연습문제 11

 주판으로 계산하세요.

1	2	3	4	5
1	5	4	8	3
7	4	6	1	6
1	7	9	6	6
6	3	8	4	3
3	6	9	7	8

6	7	8	9	10
9	7	2	1	4
6	9	7	3	6
1	3	6	6	9
3	6	3	9	7
6	1	7	8	9

11	12	13	14	15
5	3	4	8	2
4	6	7	8	8
6	6	8	9	9
4	4	6	4	6
7	6	2	6	2

10에 대한 6의 보수

1위 종합 연습문제 12

 주판으로 계산하세요.

1	2	3	4	5
8	6	5	3	4
1	9	2	5	6
6	4	8	7	9
2	6	4	4	6
2	2	6	6	3

6	7	8	9	10
7	1	8	6	4
9	9	1	2	6
3	8	6	1	3
6	1	4	6	1
2	6	6	4	6

11	12	13	14	15
5	4	9	2	7
4	5	6	8	2
6	6	4	4	6
4	1	6	6	4
6	2	4	9	6

10에 대한 6의 보수

1위 종합 연습문제 13

 주판으로 계산하세요.

1	2	3	4	5
9	4	6	3	1
9	6	3	8	5
8	6	6	6	3
3	9	4	2	6
6	2	7	6	4

6	7	8	9	10
2	8	4	5	7
9	7	6	1	2
8	4	8	9	7
6	6	7	4	3
−5	3	−5	6	6

 암산으로 계산하세요.

11	12	13	14	15
2	6	4	3	4
7	3	0	6	6
6	6	6	6	3

1위 종합 연습문제 14

10에 대한 5의 보수

$7+5=7+10-\square$

공부한 날

월   일

더하여 10이 되게 연결하시오.

3	1	6	9	2	5	4	8	7

7	5	3	1	4	2	8	9	6

 주판으로 계산하세요.

1	2	3	4	5
1	4	7	2	6
8	5	1	7	3
5	5	5	5	5

6	7	8	9	10
3	5	8	4	9
7	5	5	8	5
9	7	6	6	7
5	8	7	5	9

11	12	13	14	15
8	6	1	4	7
5	2	8	5	5
6	5	7	5	8
5	6	5	6	4
5	5	2	5	6

10에 대한 5의 보수

1위 종합 연습문제 15

 주판으로 계산하세요.

1	2	3	4	5
5	9	2	6	4
5	9	5	5	7
7	1	8	2	8
5	5	4	6	6
2	8	5	5	5

6	7	8	9	10
1	8	3	4	2
6	9	1	8	1
5	5	9	7	5
9	7	6	5	5
9	6	5	5	6

11	12	13	14	15
7	5	2	5	3
8	3	6	4	9
5	5	9	5	7
6	5	2	5	5
5	1	5	7	6

10에 대한 5의 보수

1위 종합 연습문제 16

공부한 날

월   일

 주판으로 계산하세요.

1	2	3	4	5
8	3	2	9	6
7	7	6	7	9
4	8	5	5	4
6	1	6	8	5
5	5	5	9	6

6	7	8	9	10
9	7	3	5	4
6	5	9	4	5
4	6	7	5	7
5	5	5	5	5
7	1	8	7	9

11	12	13	14	15
1	8	6	7	7
8	5	3	9	5
7	6	5	2	1
5	5	7	5	6
9	5	9	1	5

10에 대한 5의 보수

1위 종합 연습문제 17

 주판으로 계산하세요.

1	2	3	4	5
5	7	6	2	9
5	5	5	7	7
9	2	3	6	9
5	6	5	5	4
6	2	5	7	5

6	7	8	9	10
7	8	3	7	4
5	5	8	8	6
−2	6	6	4	9
6	−3	5	5	5
5	2	−1	−3	−2

 암산으로 계산하세요.

11	12	13	14	15
9	5	8	6	1
5	5	5	5	6
5	3	6	7	5

10에 대한 4의 보수

1위 종합 연습문제 18

공부한 날

월   일

 주판으로 계산하세요.

1	2	3	4	5
2	6	1	3	4
7	2	8	6	5
4	4	4	4	4

6	7	8	9	10
9	4	5	7	2
4	7	4	4	9
7	8	4	8	8
6	4	1	6	4

11	12	13	14	15
3	8	9	2	6
5	4	4	7	2
4	9	5	4	4
5	6	4	6	5
4	4	2	5	4

10에 대한 4의 보수

1위 종합 연습문제 19

 주판으로 계산하세요.

1	2	3	4	5
4	7	3	2	8
5	4	8	5	1
4	8	6	4	4
1	4	4	7	5
7	9	9	4	7

6	7	8	9	10
8	5	9	3	7
4	5	5	6	8
6	9	6	4	5
4	4	7	8	6
5	7	4	9	4

11	12	13	14	15
3	4	2	5	1
9	7	7	4	8
8	6	4	4	4
6	4	5	6	5
4	9	4	5	4

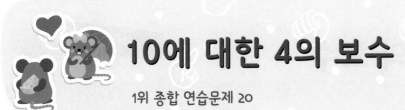

10에 대한 4의 보수

1위 종합 연습문제 20

공부한 날

월   일

 주판으로 계산하세요.

1	2	3	4	5
9	1	2	6	5
4	8	6	5	2
7	4	4	7	4
8	6	9	8	8
4	8	3	4	4

6	7	8	9	10
4	8	5	7	6
7	1	3	4	5
8	4	4	8	8
4	5	2	4	4
9	4	8	1	9

11	12	13	14	15
7	2	5	6	9
4	8	5	4	4
6	9	9	8	6
4	4	4	5	4
2	7	8	7	8

10에 대한 4의 보수

1위 종합 연습문제 21

 주판으로 계산하세요.

1	2	3	4	5
2	3	6	6	1
9	6	1	9	6
8	4	4	3	4
4	6	8	4	5
1	4	4	8	4

6	7	8	9	10
7	5	4	3	6
4	2	5	1	4
6	4	4	5	5
4	8	9	4	2
−1	−7	−1	8	−6

 암산으로 계산하세요.

11	12	13	14	15
6	3	9	1	8
3	5	4	7	1
4	4	5	4	4

10에 대한 3의 보수

1위 종합 연습문제 22

 주판으로 계산하세요.

1	2	3	4	5
9	8	7	1	3
3	1	2	8	6
2	3	3	3	3

6	7	8	9	10
4	7	2	5	6
9	3	6	4	4
6	9	3	3	8
3	3	5	6	3

11	12	13	14	15
8	2	6	7	9
3	7	5	3	3
8	3	9	9	6
3	6	7	3	3
9	3	3	9	5

10에 대한 3의 보수

1위 종합 연습문제 23

 주판으로 계산하세요.

1	2	3	4	5
7	2	5	4	1
4	6	5	8	6
9	3	8	7	9
8	7	3	3	1
3	3	9	5	3

6	7	8	9	10
3	5	1	7	9
6	4	7	8	9
3	3	3	4	4
5	7	8	3	5
3	9	4	5	3

11	12	13	14	15
8	9	2	4	3
3	3	9	5	6
9	6	8	3	3
7	3	3	7	7
3	9	8	3	9

10에 대한 3의 보수

1위 종합 연습문제 24

 주판으로 계산하세요.

1	2	3	4	5
7	3	9	4	2
2	1	5	5	5
3	5	6	3	3
6	3	8	7	9
3	1	3	3	6

6	7	8	9	10
9	4	1	2	6
3	6	9	2	1
5	7	8	5	3
3	3	3	3	9
7	9	9	8	3

11	12	13	14	15
4	5	7	6	2
5	4	3	4	9
3	3	5	9	6
6	1	4	3	3
3	7	3	9	7

10에 대한 3의 보수

1위 종합 연습문제 25

 주판으로 계산하세요.

1	2	3	4	5
7	5	4	6	2
1	2	5	2	5
3	3	3	3	9
7	1	9	7	2
3	9	3	3	3

6	7	8	9	10
9	8	1	3	5
3	3	7	7	3
5	7	3	8	3
−1	−2	6	3	6
3	5	−2	9	−6

 암산으로 계산하세요.

11	12	13	14	15
4	9	8	6	3
5	9	3	2	5
3	3	6	3	3

10에 대한 2의 보수

1위 종합 연습문제 26

 주판으로 계산하세요.

1	2	3	4	5
5	8	9	3	2
4	2	2	6	7
2	9	7	2	2

6	7	8	9	10
9	5	2	8	1
2	3	7	3	9
8	2	2	7	9
3	7	9	2	2

11	12	13	14	15
8	3	5	6	3
2	6	4	3	6
9	2	2	2	9
2	8	7	7	2
7	9	1	8	5

10에 대한 2의 보수

1위 종합 연습문제 27

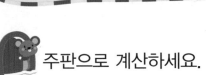 주판으로 계산하세요.

1	2	3	4	5
9	3	8	2	7
2	9	2	9	1
8	8	7	8	2
2	8	5	2	6
7	2	6	7	5

6	7	8	9	10
6	1	5	3	9
5	8	3	7	2
9	2	2	8	6
8	7	9	2	1
2	9	8	6	2

11	12	13	14	15
7	3	8	5	6
4	1	2	4	4
8	5	9	2	9
2	2	6	7	2
6	9	5	2	6

10에 대한 2의 보수

1위 종합 연습문제 28

 주판으로 계산하세요.

1	2	3	4	5
8	5	1	9	6
3	4	9	6	3
9	3	8	4	6
8	7	2	9	4
2	2	8	2	2

6	7	8	9	10
9	7	2	3	8
2	2	8	6	1
7	2	9	2	2
1	8	2	7	9
2	2	6	9	5

11	12	13	14	15
5	3	9	2	6
4	8	2	8	5
2	7	8	9	9
9	2	8	2	8
6	3	5	1	2

10에 대한 2의 보수

1위 종합 연습문제 29

 주판으로 계산하세요.

1	2	3	4	5
3	9	7	5	1
6	2	4	3	8
2	8	8	2	3
8	2	2	8	7
2	7	6	3	2

6	7	8	9	10
4	8	6	4	2
5	−5	5	9	6
2	6	8	5	2
7	2	−1	2	9
−6	7	2	2	−4

 암산으로 계산하세요.

11	12	13	14	15
5	9	2	4	8
3	2	7	5	2
2	7	2	2	9

10에 대한 1의 보수

1위 종합 연습문제 30

월   일

 주판으로 계산하세요.

1	2	3	4	5
9	5	2	8	3
1	4	7	1	6
8	1	1	1	1

6	7	8	9	10
8	6	4	9	3
4	3	5	1	7
7	1	1	7	9
1	7	8	9	1

11	12	13	14	15
1	2	3	5	7
8	8	1	4	8
1	9	5	1	4
9	1	1	9	1
1	3	9	5	6

10에 대한 1의 보수

1위 종합 연습문제 31

 주판으로 계산하세요.

1	2	3	4	5
6	8	7	1	9
3	5	9	7	1
1	6	2	7	9
9	1	1	4	6
1	4	1	1	2

6	7	8	9	10
8	3	9	1	2
2	7	1	8	7
6	9	7	1	1
3	1	2	6	9
1	8	1	5	1

11	12	13	14	15
3	4	6	8	7
7	5	2	3	4
9	1	8	8	8
1	9	3	1	1
6	8	1	7	9

10에 대한 1의 보수

1위 종합 연습문제 32

공부한 날

월   일

 주판으로 계산하세요.

1	2	3	4	5
6	9	3	2	8
3	1	6	7	2
1	8	1	1	7
9	4	7	6	2
4	9	8	4	1

6	7	8	9	10
8	4	1	9	7
1	5	8	2	9
1	1	1	8	3
9	7	6	1	1
7	4	9	3	5

11	12	13	14	15
3	9	3	1	9
6	3	1	9	6
1	7	5	7	4
9	1	1	2	1
7	6	8	1	4

10에 대한 1의 보수

1위 종합 연습문제 33

 주판으로 계산하세요.

1	2	3	4	5
5	3	6	4	7
4	6	4	9	4
1	1	9	6	8
6	4	1	1	1
9	5	6	3	4

6	7	8	9	10
9	4	7	2	8
1	5	−5	7	5
4	1	7	1	6
5	9	1	6	1
−7	−5	3	−5	2

 암산으로 계산하세요.

11	12	13	14	15
9	1	4	6	9
1	8	5	3	1
5	1	1	1	7

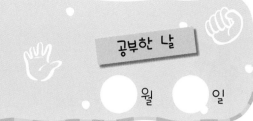

공부한 날

월   일

 주판으로 계산하세요.

1	2	3	4	5
7	4	6	9	3
9	19	29	18	5
11	8	13	11	37

6	7	8	9	10
7	1	12	8	26
15	18	5	12	9
12	16	15	17	13

11	12	13	14	15
12	14	16	15	18
8	8	14	4	12
9	17	11	11	8
16	6	7	19	5

공부한 날

월   일

 주판으로 계산하세요.

1	2	3	4	5
17	19	12	11	18
8	4	5	18	14
2	5	5	2	8
12	15	21	8	9

6	7	8	9	10
6	8	13	4	14
13	17	9	15	8
7	14	2	7	15
12	7	16	12	9

11	12	13	14	15
19	16	7	14	17
4	3	13	16	14
17	12	19	3	3
56	17	4	15	8

1위~2위 종합연습문제 3

공부한 날

월   일

 주판으로 계산하세요.

1	2	3	4	5
8	2	4	18	17
15	9	16	15	2
11	13	9	6	9
5	16	17	2	4
3	7	3	7	16

6	7	8	9	10
3	19	12	13	11
6	15	8	7	18
14	6	6	14	4
8	2	14	5	6
15	7	9	2	5

11	12	13	14	15
15	9	7	14	6
4	13	11	9	3
1	5	5	16	6
9	2	19	1	15
12	16	6	3	16

공부한 날

월   일

 주판으로 계산하세요.

1	2	3	4	5
16	11	9	15	4
19	18	13	4	19
4	4	7	18	16
2	5	6	3	2
8	5	14	6	5

6	7	8	9	10
17	5	16	2	9
12	14	4	8	11
9	3	9	19	8
5	18	11	4	15
6	9	6	16	6

11	12	13	14	15
19	5	3	19	18
1	4	17	2	9
6	18	9	16	14
5	15	12	8	1
18	6	5	3	5

정 답 지

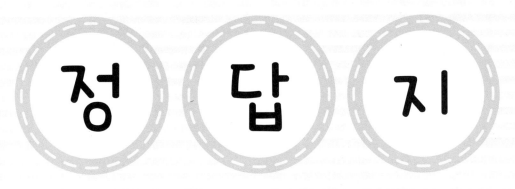

12쪽

1 2	2 2	3 2	4 3	5 2
6 4	7 3	8 2	9 0	10 3
11 3	12 2	13 4	14 1	15 2
16 3	17 2	18 2	19 4	20 1

13쪽

1 2	2 3	3 4	4 3	5 1
6 1	7 3	8 4	9 2	10 0
11 1	12 1	13 2	14 0	15 2

14쪽

1 2	2 3	3 2	4 1	5 3
6 4	7 1	8 0	9 3	10 2
11 1	12 3	13 2	14 4	15 0

15쪽

1 33	2 22	3 44	4 11	5 22
6 44	7 11	8 22	9 33	10 22
11 33	12 22	13 11	14 33	15 11

16쪽

1 7	2 8	3 9	4 8	5 9
6 7	7 8	8 9	9 8	10 9
11 4	12 4	13 4	14 3	15 3
16 4	17 3	18 4	19 2	20 3

17쪽

1 4	2 1	3 3	4 6	5 8
6 8	7 6	8 6	9 7	10 8
11 8	12 5	13 2	14 9	15 4

18쪽

1 6	2 7	3 8	4 9	5 7
6 8	7 9	8 8	9 9	10 8
11 1	12 2	13 3	14 1	15 1
16 8	17 9	18 9	19 9	20 9
21 7	22 2	23 6	24 0	25 2

19쪽

1 8	2 9	3 6	4 4	5 6
6 1	7 9	8 2	9 1	10 7
11 0	12 6	13 8	14 3	15 7

20쪽

1 33	2 33	3 33	4 88	5 22
6 11	7 11	8 99	9 0	10 77
11 7	12 1	13 3	14 1	15 1

21쪽

1 99	2 11	3 11	4 99	5 11
6 11	7 99	8 88	9 99	10 88
11 2	12 3	13 1	14 3	15 0

22쪽

1 19	2 69	3 28	4 58	5 18
6 57	7 18	8 18	9 19	10 17
11 9	12 99	13 59	14 79	15 49

23쪽

1 87	2 61	3 97	4 60	5 87
6 34	7 94	8 73	9 88	10 64
11 88	12 89	13 63	14 89	15 78

24쪽

1 887 2 999 3 766 4 253 5 878
6 888 7 776 8 255 9 889 10 769
11 553 12 468 13 212 14 837 15 303

25쪽

1 8, 7, 6, 5, 4, 3, 2, 1
2 9, 7, 5, 2, 8
3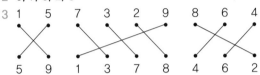

27쪽

1 17 2 12 3 13 4 14 5 15
6 25 7 27 8 28 9 28 10 23
11 26 12 28 13 29 14 28 15 36

28쪽

1 29 2 28 3 27 4 19 5 28
6 29 7 38 8 28 9 27 10 36
11 38 12 29 13 37 14 29 15 28

29쪽

1 28 2 29 3 28 4 29 5 29
6 29 7 19 8 29 9 27 10 27
11 28 12 28 13 27 14 29 15 33

30쪽

1 29 2 27 3 29 4 29 5 27
6 25 7 25 8 15 9 15 10 25
11 12 12 13 13 14 14 25 15 19

31쪽

1 16 2 17 3 15 4 14 5 19
6 21 7 13 8 26 9 25 10 26
11 27 12 35 13 26 14 35 15 28

32쪽

1 29 2 28 3 29 4 28 5 27
6 27 7 36 8 28 9 26 10 35
11 28 12 27 13 26 14 25 15 36

33쪽

1 29 2 27 3 28 4 29 5 26
6 29 7 22 8 35 9 28 10 27
11 26 12 36 13 29 14 26 15 26

34쪽

1 37 2 27 3 28 4 35 5 37
6 25 7 10 8 21 9 20 10 26
11 12 12 17 13 18 14 25 15 18

35쪽

1 11 2 16 3 16 4 11 5 15
6 18 7 26 8 26 9 25 10 25
11 27 12 26 13 24 14 25 15 27

36쪽

1 25 2 25 3 35 4 35 5 26
6 28 7 26 8 25 9 29 10 28
11 36 12 25 13 25 14 27 15 25

37쪽

1 21 2 25 3 29 4 35 5 28
6 26 7 28 8 35 9 27 10 28
11 36 12 26 13 35 14 26 15 35

52쪽

1 31	2 21	3 30	4 27	5 20
6 20	7 28	8 23	9 27	10 30
11 30	12 30	13 30	14 22	15 28

53쪽

1 21	2 13	3 31	4 22	5 25
6 27	7 29	8 30	9 20	10 22
11 21	12 20	13 22	14 31	15 27

54쪽

1 21	2 20	3 24	4 21	5 21
6 19	7 21	8 15	9 30	10 11
11 12	12 21	13 17	14 11	15 11

55쪽

1 11	2 19	3 18	4 11	5 11
6 22	7 17	8 20	9 20	10 21
11 28	12 28	13 19	14 26	15 25

56쪽

1 28	2 30	3 28	4 28	5 21
6 30	7 27	8 27	9 26	10 20
11 27	12 20	13 30	14 20	15 27

57쪽

1 30	2 21	3 28	4 30	5 21
6 21	7 21	8 27	9 27	10 25
11 26	12 23	13 32	14 22	15 30

58쪽

1 21	2 28	3 27	4 21	5 21
6 12	7 18	8 20	9 22	10 15
11 10	12 18	13 11	14 11	15 19

59쪽

1 18	2 10	3 10	4 10	5 10
6 20	7 17	8 18	9 26	10 20
11 20	12 23	13 19	14 24	15 26

60쪽

1 20	2 24	3 20	4 20	5 27
6 20	7 28	8 20	9 21	10 20
11 26	12 27	13 20	14 27	15 29

61쪽

1 23	2 31	3 25	4 20	5 20
6 26	7 21	8 25	9 23	10 25
11 26	12 26	13 18	14 20	15 24

62쪽

1 25	2 19	3 26	4 23	5 24
6 12	7 14	8 13	9 11	10 22
11 15	12 10	13 10	14 10	15 17

63쪽

1 27	2 31	3 48	4 38	5 45
6 34	7 35	8 32	9 37	10 48
11 45	12 45	13 48	14 49	15 43

64쪽

1 39	2 43	3 43	4 39	5 49
6 38	7 46	8 40	9 38	10 46
11 96	12 48	13 43	14 48	15 42

65쪽

1 42	2 47	3 49	4 48	5 48
6 46	7 49	8 49	9 41	10 44
11 41	12 45	13 48	14 43	15 46

66쪽

1 49	2 43	3 49	4 46	5 46
6 49	7 49	8 46	9 49	10 49
11 49	12 48	13 46	14 48	15 47

주산식 암산수학

– 호산 및 플래쉬학습 훈련 학습장

칭찬	1		1		1		1		칭찬
1	2		2		2		2		17
2	3		3		3		3		18
3	4		4		4		4		19
4	5		5		5		5		20
5	6		6		6		6		21
6	7		7		7		7		22
7	8		8		8		8		23
8	9		9		9		9		24
9	10		10		10		10		25
10	1		1		1		1		26
11	2		2		2		2		27
12	3		3		3		3		28
13	4		4		4		4		29
14	5		5		5		5		30
15	6		6		6		6		31
16	7		7		7		7		32
	8		8		8		8		
	9		9		9		9		
	10		10		10		10		

주산식 암산수학